Sitzungsberichte

der

Heidelberger Akademie der Wissenschaften

Stiftung Heinrich Lanz

Mathematisch-naturwissenschaftliche Klasse

* *Im Verlag von Carl Winters Universitätsbuchhandlung in Heidelberg erschienen:*

Abteilung A. Mathematisch-physikalische Wissenschaften.

Jahrgang 1921.

1. FRANZEN, H. Über die chem. Bestandteile grüner Pflanzen. **12.** Mitteilung: Über die flüchtigen Bestandteile der Eichenblätter.
2. KÖNIGSBERGER, L. Über partielle Differentialgleichungen erster Ordnung.
3. HEFFTER, L., und W. STOLLENWERK. Über Scharen gleichberechtigter Koordinatensysteme. Mit 3 Textabbildungen.
4. PERRON, OSKAR. Über die Approximation irrationaler Zahlen durch rationale. I.
5. LIEBMANN, HEINRICH. Der geometrische Aufbau der Bäcklundschen Transformation.
6. EISENHUT, O. Über Kathodenstrahlintensitätsmessung durch feste Kondensatoren.
7. KÖNIGSBERGER, LEO. Über vollständige Integrale partieller Differentialgleichungen erster Ordnung.
8. PERRON, OSKAR. Über die Approximation irrationaler Zahlen durch rationale. II.
9. LIEBMANN, HEINRICH. Flächen mit einer vorgeschriebenen Schar geodätischer Parallelkurven.
10. BALDUS, RICHARD. Über die Flächen, welche die Strahlen eines Bündels unter festem Winkel schneiden.
11. KÖNIGSBERGER, LEO. Die Erweiterung des Helmholtzschen Princips von der verborgenen Bewegung und den unvollständigen Problemen auf kinetische Potentiale beliebiger Ordnung.

Abteilung B. Biologische Wissenschaften.

Jahrgang 1921.

1. KOSSEL, A. Über die Beziehungen der Biochemie zu den morphologischen Wissenschaften.
2. HELLPACH, WILLY. Das fränkische Gesicht. Untersuchungen zur Physiognomik der deutschen Volksstämme. I. Folge.

PREISE WERDEN AUF ANFRAGE MITGETEILT

---

* Bestellungen auf solche Veröffentlichungen der math.-naturw. Klasse, welche früher im Verlag von Carl Winters Universitätsbuchhandlung in Heidelberg erschienen sind nimmt auch der Verlag Walter de Gruyter & Co., Berlin, entgegen.

Sitzungsberichte
der Heidelberger Akademie der Wissenschaften
Stiftung Heinrich Lanz
Mathematisch-naturwissenschaftliche Klasse
Jahrgang 1925. 14. Abhandlung.

Die Fundamentalkonstruktion der hyperbolischen Geometrie

Von
Ernst Roeser
in Bottrop

Vorgelegt von Heinrich Liebmann
in Heidelberg

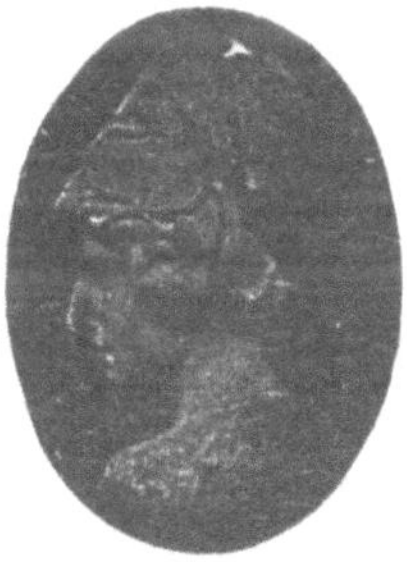

Berlin und Leipzig 1925
Walter de Gruyter & Co.
vormals G. J. Göschen'sche Verlagshandlung / J. Guttentag, Verlagsbuchhandlung / Georg Reimer / Karl J. Trübner / Veit & Comp.

Die Fundamentalkonstruktion der hyperbolischen Trigonometrie.

§ 1.

Begründung der Fundamentalkonstruktion.

Das Formalsystem des hyperbolischen Dreiecks beruht erstens auf der Fundamentalrelation zwischen Parallelwinkel und Lot: $\cos \Pi(a) = \operatorname{th} a$ und zweitens auf gewissen Grundgleichungen zwischen Seiten und Winkeln eines Dreiecks, die direkt der Anschauung unter Anwendung einer einfachen Konstruktion entspringen. Diese Konstruktion spielt in der hyperbolischen Trigonometrie eine große Rolle, denn mit ihrer Hilfe erhält man auch die obige Relation. Sie besteht darin, daß zu einer Seite eines Dreiecks drei Parallele gezogen werden, nämlich eine durch die gegenüberliegende Ecke und die beiden andern senkrecht zu den Seiten, welche jene Ecke bilden. Ist die gegenüberliegende Ecke imaginär, das heißt kein Winkel, sondern eine gemeinsame Senkrechte, so ist auch hier die senkrechte Parallele zu ziehen.

Auf Grund dieser letzten Festsetzung erweisen sich auch die Hilfslinien am Spitzeck[1]) als spezielle Fälle derselben Konstruktion genau wie beim rechtwinkligen Dreieck. Schon LOBATSCHEFSKIJ benutzt diese Linien auch beim schiefwinkligen Dreieck, um die Beziehungen zwischen den Winkeln und den Parallelwinkeln der Seiten herzuleiten. Es ist dann notwendig, diese reine Beziehung zwischen den Winkeln selbst überzuführen in eine Gleichung zwischen den trigonometrischen Funktionen dieser Winkel, denn nur so ist es möglich, die Parallelwinkel der Seiten durch die Seiten selbst zu ersetzen.

Im folgenden soll gezeigt werden, welche einfache geometrische Tatsache jener Fundamentalkonstruktion zugrunde liegt, und ferner, wie man durch ihre Anwendung auch die Relation zwischen Lot und Parallelwinkel erhält.

Die drei Seiten eines Dreiecks teilen, abgesehen vom Dreieck selbst, die Ebene in sechs Teile. In einem der drei, die von den Scheitelwinkeln der Dreieckswinkel gebildet werden, wollen wir beliebig einen Punkt S annehmen. Wir verbinden ihn mit den drei Ecken und fällen außerdem

[1]) Vgl. LIEBMANN, Nichteuklidische Geometrie, de Gruyter, Berlin § 10.

von ihm aus Lote auf die drei Seiten. Dadurch werden Winkel und Seiten auf den Punkt S projiziert. Die gesamten Maßverhältnisse des Dreiecks werden auf diese Weise in den Winkeln um S vereinigt.

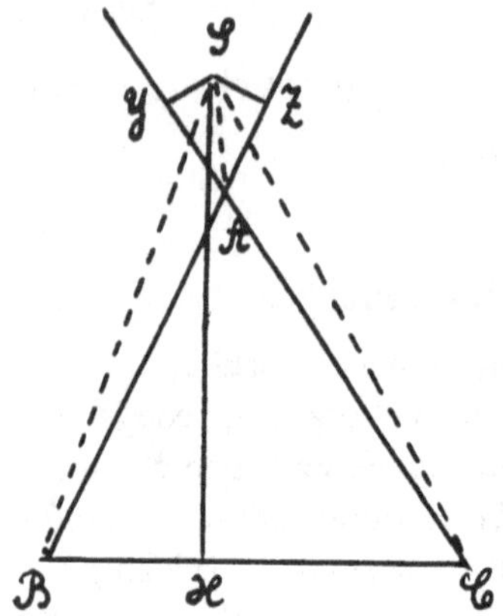

Fig. 1

Wenn für die Winkel ein Richtungssinn, z. B. der dem Uhrzeiger entgegengesetzte als positiv angenommen wird, so gelten für alle drei Winkelfelder die drei Gleichungen:

$$(1)\quad \begin{cases} ZAS - YAS = \lambda \\ XBS - ZBS = \mu \\ YCS - XCS = \nu \end{cases}$$

Es soll zunächst angenommen werden, daß der eine Fußpunkt (hier X) auf die Seite selbst fällt. Die Gleichungen behalten ihre Gültigkeit auch für die drei andern Felder, wenn statt zweier Winkel die Außenwinkel eingeführt werden und berücksichtigt wird, daß sie einen entgegengesetzten Sinn haben. Liegt also in der Figur der Punkt S unter der Seite a, dann bleibt λ bestehen, aber μ und ν sind durch $-(\pi-\mu)$ und $-(\pi-\nu)$ zu ersetzen. Für die Ecke A nehmen die Gleichungen die spezielle Form an:

$$(2)\quad \begin{cases} ZAS + SAY = \lambda \\ XBS - ZBS = \mu \\ -SCY + SCX = \nu \end{cases}$$

Wir können ohne Benutzung einer Figur die Formen für die andern beiden Winkelfelder hinschreiben durch zyklische Vertauschung der Zeichen. Der Winkel, in dem S liegt wird dargestellt durch die Summe, die darauf folgende Ecke (entgegen dem Uhrzeiger) enthält in der Gleichung die Zeichen $+\,-$, die vorhergehende dagegen $-,\,+$. Für Ecke B gilt die Reihenfolge:

$$B \begin{cases} - & + \\ + & + \\ + & - \end{cases}$$

und für C:

$$C \begin{cases} + & - \\ - & + \\ + & + \end{cases}$$

Denken wir uns jetzt den Punkt S ins Unendliche gerückt, dann werden die Winkel der linken Seiten in den drei Gleichungen zu Parallelwinkeln und können als Funktionen der Parallellote ausgedrückt werden.

Diese Lote sind die Seitenabschnitte. Es werde jeder Abschnitt dargestellt durch die Seite, auf der er liegt, und den andern Abschnitt dieser Seite. Dann gehen die Gleichungen 2 über in:

$$(3) \qquad A \left\{ \begin{aligned} &\Pi(ZB - c) + \Pi(YC - b) = \lambda \\ &\Pi(a - XC) - \Pi(c + ZA) = \mu \\ -&\Pi(b + YA) + \Pi(a - XB) = \nu \end{aligned} \right.$$

Die Gleichungen für die andern Ecken lassen sich wieder ohne Figur hinschreiben. Die Abschnitte treten positiv auf in den Gliedern mit negativen Vorzeichen, sie sind größer als die Seiten für den Winkel, in dem S liegt. Also für Ecke B und C:

$$B \left\{ \begin{aligned} -&\Pi(c + ZB) + \Pi(b - YC) = \lambda \\ &\Pi(XC - a) + \Pi(ZA - c) = \mu \\ &\Pi(b - YA) - \Pi(a + XB) = \nu \end{aligned} \right.$$

$$C \left\{ \begin{aligned} &\Pi(c - ZB) - \Pi(b + YC) = \lambda \\ -&\Pi(a + XC) + \Pi(c - ZA) = \mu \\ &\Pi(YA - b) + \Pi(XB - a) = \nu \end{aligned} \right.$$

Fällt S_∞ auf die Verlängerung einer Seite, z.B. hier auf BA, so verschwinden drei von den Parallelen, nämlich die, welche durch B, A und Z gehen, sie fallen alle mit der Seite zusammen. Es entsteht die zu Anfang als Fundamentalkonstruktion bezeichnete Figur nämlich die Parallele durch die Gegenecke und die Parallelen, die auf den Schenkeln, die die Ecke bilden, senkrecht stehen. Die Gleichungen 3 aber gehen über in die Lobatschefskijschen Beziehungen am schiefwinkligen Dreieck. Sie lassen sich ohne Figur ablesen aus 3. Die Abschnitte ZB und ZA werden unendlich, die dazugehörigen Parallelwinkel also Null. Die beiden ersten Gleichungen von 3 werden:

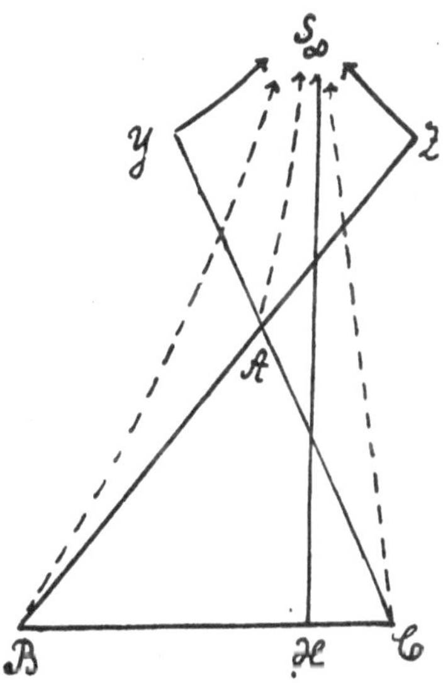

Fig. 2.

$$\begin{aligned} \Pi(l) &= \lambda \\ \Pi(m) &= \mu \end{aligned}$$

also identisch, denn $YC - b$ wird l und $a - XC$ wird m. Die dritte Gleichung aber wird:

$$\text{I.} \quad -\Pi(b + l) + \Pi(a - m) = \nu.$$

Liegt dagegen S_∞ auf der Verlängerung von CA, so werden die Parallelwinkel Null, bei denen der Buchstabe Y vorkommt (die erste und dritte Gleichung). Diese beiden Gleichungen werden identisch. Die mittlere aber gibt:

$$\text{II.}\quad \Pi(a-n) - \Pi(c+l) = \mu.$$

Nun ist es für die andern Ecken leicht hinzuschreiben. An der Ecke A scheidet der Winkel λ ganz aus, das heißt die Gleichung mit den beiden Pluszeichen wird immer identisch, von den andern beiden diejenige, in der der unendliche Abschnitt vorkommt. In der übrigbleibenden Gleichung treten die Parallellote der Winkel auf, die durch die Abschnitte angegeben sind. Es enthält z. B. Gleichung II die Strecken n und l, weil in der mittelsten Gleichung von 3 die Punkte C und A, das heißt die Winkel ν und λ vorkommen.

Soll also bei den Gleichungen der Ecke B S_∞ auf BA liegen, so nehme man von den beiden Gleichungen mit verschiedenem Vorzeichen der Glieder diejenige, in der kein Z vorkommt, das ist die letzte. Sie enthält die Buchstaben A und B, also entstehen die Parallellote l und m und es folgt:

$$\text{III.}\quad \Pi(b-l) - \Pi(a+m) = \nu.$$

Auf dieselbe Weise, wenn S_∞ auf BC liegt:

$$\text{IV.}\quad -\Pi(c+m) + \Pi(b-n) = \lambda.$$

Und schließlich zur Ecke C:

$$\text{V.}\quad \Pi(c-m) - \Pi(b+n) = \lambda.$$

$$\text{VI.}\quad -\Pi(a+n) + \Pi(c-l) = \mu.$$

Das sind alle Beziehungen, die möglich sind. Läßt man die Winkel der Reihe nach $\frac{\pi}{2}$ werden, so resultieren die Gleichungen für das rechtwinklige Dreieck, die dazu gehörigen Konstruktionen spezialisieren sich entsprechend.[1])

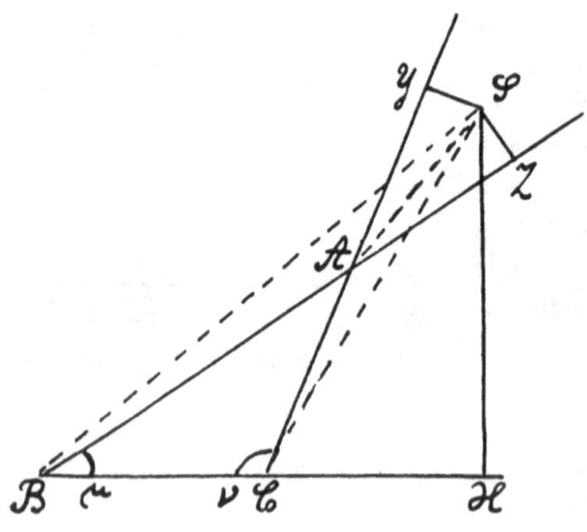

Fig. 3.

Es ist noch der Fall besonders zu betrachten, daß der Fußpunkt des dritten Lotes auch auf die Verlängerung fällt. Betrachten wir die Ecke A, so handelt es sich um die Seite a.

[1]) Vgl. ENGEL: LOBATSCHEFSKIJ, Neue Anfangsgründe § 135 Leipzig.

Da nur X seine Lage in bezug auf C ändert, so ändert sich von den Gleichungen 2 nur die letzte, nämlich aus SCX wird $-CSX$ und aus ν wird: $-(\pi-\nu)$, also:

$$-SCY - XCS = -(\pi - \nu) \text{ oder:}$$
$$SCY + XCS = \pi - \nu.$$

In der Gruppe 3 werden die beiden letzten Gleichungen in Mitleidenschaft gezogen, XC und auch $a - XB = XC$ ist negativ einzuführen. Man erhält somit:

$$\Pi(a + XC) - \Pi(c + ZA) = \mu \text{ und}$$
$$\Pi(b + YA) + \Pi(XB - a) = \pi - \nu.$$

Bedenkt man aber, daß XC, wenn S_∞ auf der Verlängerung von CA liegt, nicht das Parallellot zum Winkel ν, sondern $\pi - \nu$ ist, so ist beim Übergang $-n$ einzuführen, und es ergibt sich wieder Gleichung II. In der letzten Gleichung aber kann man sagen:

$$\Pi(XB - a) = \pi - \Pi(a - XB)$$

und erhält wieder die letzte der Gleichungen 3:

$$-\Pi(b + YA) + \Pi(a - XB) = \nu.$$

Es ändert sich in den Gleichungen 3 also nur das Vorzeichen der einen Größe $-XC$. Läge X jenseits von B, so würde sich das Vorzeichen von XB geändert haben. Es ist also der Abschnitt auf der Seite, die dem betreffenden Winkel gegenüberliegt, und zwar stets der kleinere der äußerlich geteilten Seite. Ihm müssen wir ein Vorzeichen zuweisen, positiv, wenn er auf die Seite, negativ, wenn er auf ihre Verlängerung fällt. Dann behalten die Gleichungen der Gruppe 3 ihre Allgemeinheit, entsprechend an den Ecken B und C.

§ 2.
Die Konstruktion im Falle imaginärer Winkel.

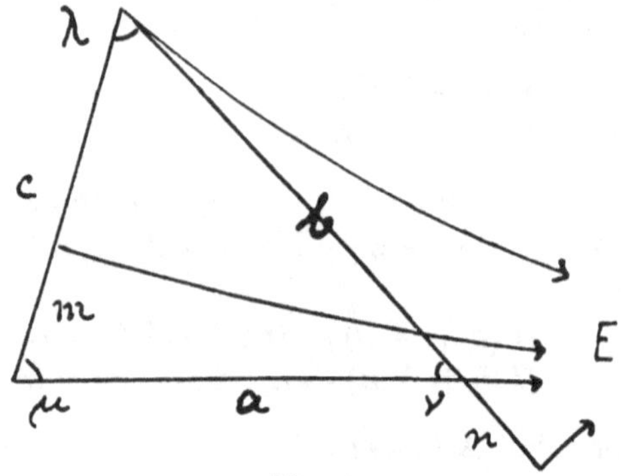

Fig. 4.

Von den 6 Parallelen bleiben, wie schon gezeigt nur vier übrig, von denen die eine noch auf eine Dreiecksseite fällt. Es sind in der Figur die drei Parallelen zu a gezogen. Dann folgt:

(1) $\Pi(c - m) - \Pi(b + n) = \lambda$ und wenn man die Parallele nach der anderen Seite zieht:

(2) $\Pi(b - n) - \Pi(c + m) = \lambda$ ebenso an den andern Ecken. Jetzt sollen die Seiten b und c sich nicht mehr schneiden, sondern sollen eine gemeinsame Senkrechte haben $\bar{\lambda}$. Wird in den Gleichungen ein Winkel durch eine gemeinsame Senkrechte ersetzt, so soll derselbe Buchstabe mit einem Strich darüber verwendet werden.

In dieser Figur tritt an Stelle der Parallelen durch den Scheitel des Winkels die Senkrechte auf dem gemeinsamen Lot. Dann folgt:

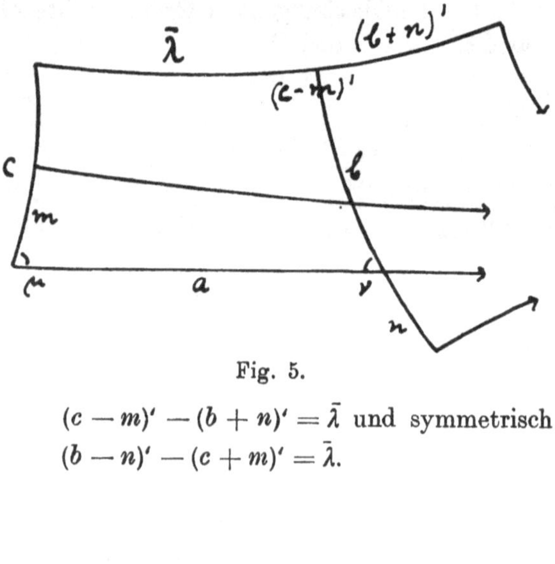

Fig. 5.

(1′) $(c - m)' - (b + n)' = \bar{\lambda}$ und symmetrisch:

(2′) $(b - n)' - (c + m)' = \bar{\lambda}$.

Für die Ecke μ ergeben sich zwei verschiedene Figuren, je nachdem, nach welcher Seite die Parallelen zu b gezogen werden.

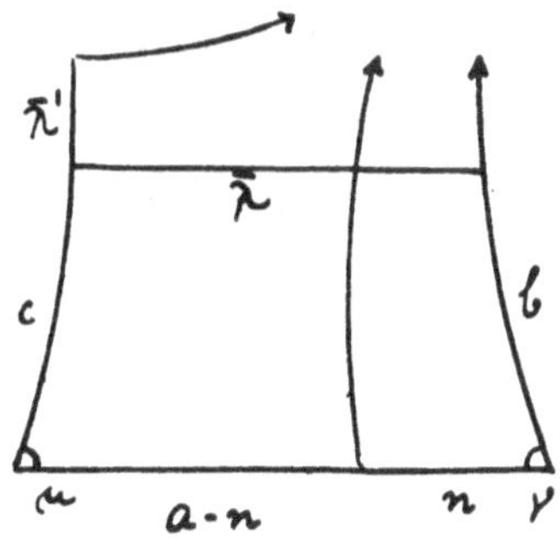

Fig. 6.

(3′) $$\Pi(a-n)+\Pi(c+\bar{\lambda}')=\mu.$$

Und zur anderen Seite die Parallelen zu b gelegt:

(4′) $$\Pi(c-\bar{\lambda}')-\Pi(a+n)=\mu.$$ (Fig. 7)

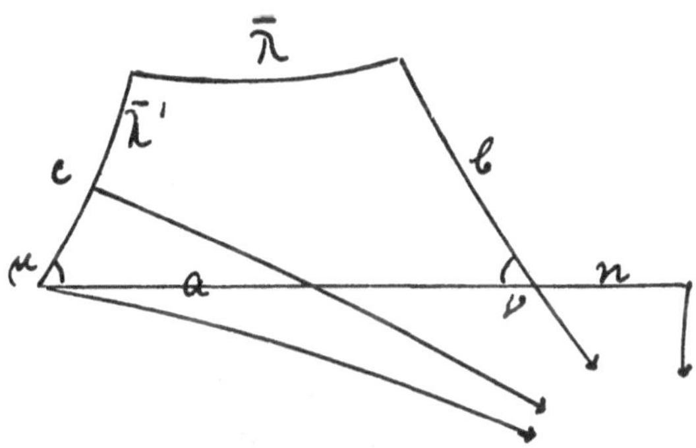

Fig. 7.

Ganz ebenso an der Ecke ν.

Auch an Stelle von μ soll die gemeinsame Senkrechte ($\bar{\mu}$) treten (Fig. 8). a und b sind symmetrisch. Man ziehe die Parallelen zu a nach links, dann folgt:

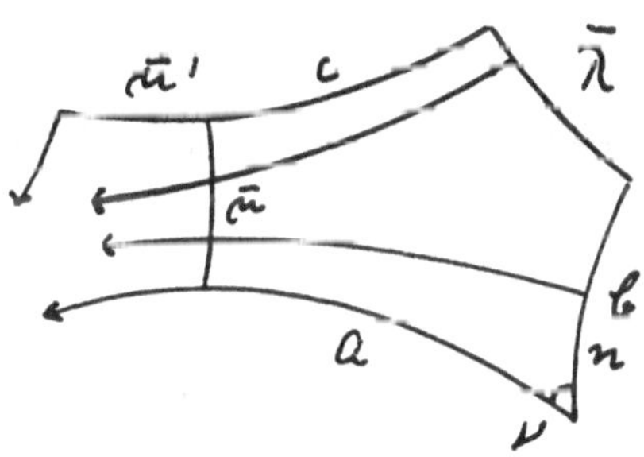

Fig. 8.

(1'') $$(b - n)' + (c + \bar{\mu}')' = \bar{\lambda}.$$

Darauf die Parallelen nach rechts:

(2'') $$(c - \bar{\mu}')' - (b + n)' = \bar{\lambda}.$$ (Fig. 9)

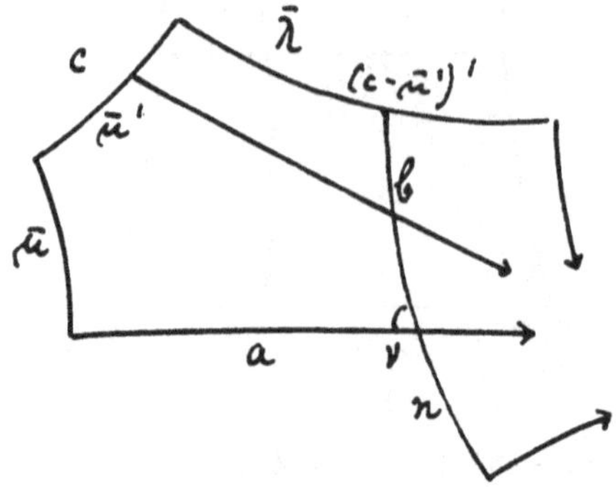

Fig. 9.

Zu c braucht man die Parallelen nur nach einer Seite zu ziehen, denn die Figur wird nach der anderen Seite symmetrisch. (Fig. 10).

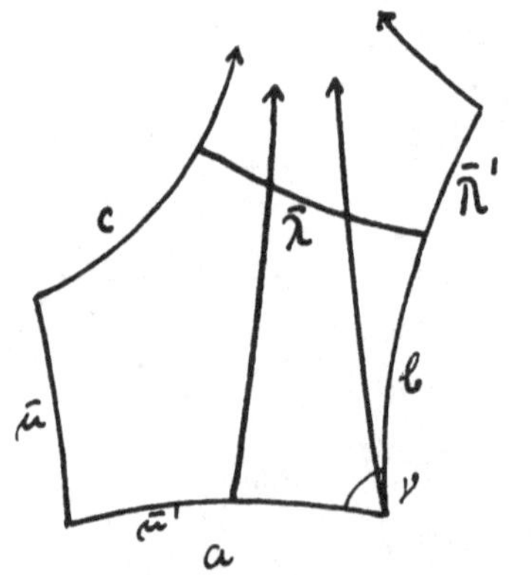

Fig. 10.

(3'') $$\Pi(a - \bar{\mu}') + \Pi(b + \bar{\lambda}') = \nu$$ und symmetrisch:

(4'') $$\Pi(b - \bar{\lambda}') + \Pi(a + \bar{\mu}') = \nu.$$

Die zu a symmetrische Seite b gibt bei gleicher Behandlung:

(5'') $$(a - n)' + (c + \bar{\lambda}') = \bar{\mu}.$$ [entsprechend wie Fig. 8]

(6'') $$(c - \bar{\lambda}')' - (a + n)' = \bar{\mu}.$$

Endlich trete auch an Stelle von ν die gemeinsame Senkrechte. Dann ist nur eine Figur nötig wie beim Dreieck, denn die andern werden symmetrisch. (Fig. 11).

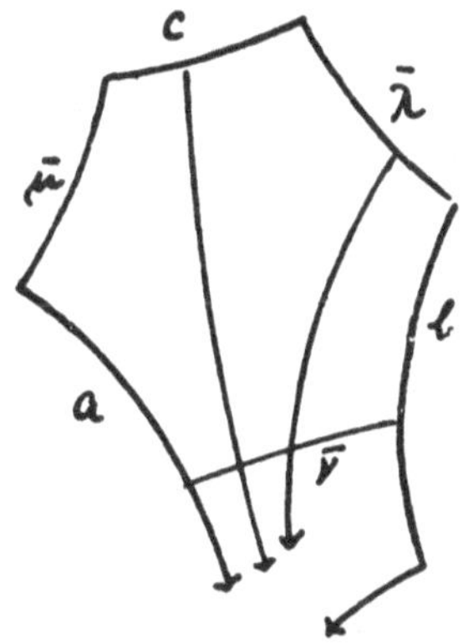

Fig. 11.

$$(1''') \qquad (c - \mu')' + (b + \bar{\nu}')' = \bar{\lambda}.$$

Und entsprechend die andern. Es ergeben sich demnach vier Gruppen von Gleichungen.

I (0 R)

$$\begin{aligned} &\Pi(c-m) - \Pi(b+n) = \lambda \\ &\Pi(b-n) - \Pi(c+m) = \lambda \\ &\Pi(a-n) - \Pi(c+l) = \mu \\ &\Pi(c-l) - \Pi(a+n) = \mu \\ &\Pi(b-l) - \Pi(a+m) = \nu \\ &\Pi(a-m) - \Pi(b+l) = \nu \end{aligned}$$

II (2·R)

$$\begin{aligned} &(c-m)' - (b+n)' = \bar{\lambda} \\ &(b-n)' - (c+m)' = \bar{\lambda} \\ &\Pi(a-n) + \Pi(c+\bar{\lambda}') = \mu \\ &\Pi(c-\bar{\lambda}') - \Pi(a+n) = \mu \\ &\Pi(b-\bar{\lambda}') - \Pi(a+m) = \nu \\ &\Pi(a-m) + \Pi(b+\bar{\lambda}') = \nu \end{aligned}$$

III (4 R)

$$\begin{aligned} &(c-\bar{\mu}')' - (b+n)' = \bar{\lambda} \\ &(b-n)' + (c+\bar{\mu}')' = \bar{\lambda} \\ &(a-n)' + (c+\bar{\lambda}')' = \mu \\ &(c-\bar{\lambda}')' - (a+n)' = \bar{\mu} \\ &\Pi(b-\bar{\lambda}') + \Pi(a+\bar{\mu}') = \nu \\ &\Pi(a-\bar{\mu}') + \Pi(b+\bar{\lambda}') = \nu \end{aligned}$$

IV (6 R)

$$\begin{aligned} &(c-\bar{\mu}')' + (b+\bar{\nu}')' = \bar{\lambda} \\ &(b-\bar{\nu}')' + (c+\mu')' = \bar{\lambda} \\ &(a-\bar{\nu}')' + (c+\bar{\lambda}')' = \bar{\mu} \\ &(c-\bar{\lambda}')' + (c+\bar{\nu}')' = \bar{\mu} \\ &(b-\bar{\lambda}')' + (a+\bar{\mu}')' = \bar{\nu} \\ &(a-\bar{\mu}')' + (b+\lambda')' = \bar{\nu} \end{aligned}$$

Die Gruppen lassen sich wieder ohne Figur leicht auseinander ableiten.

Wird ein Winkel des Dreiecks imaginär, so tritt an seine Stelle das gemeinsame Lot, also $\bar{\lambda}$ an Stelle von λ, für das Parallellot des Dreieckswinkels ist die Komplementärstrecke des gemeinsamen Lots einzuführen, also für $l\ \bar{\lambda}'$. Außerdem sind die Parallelwinkel, deren Differenz den Winkel λ bildet, zu ersetzen durch die Komplementärstrecken der zugehörigen Lote, also $\Pi\ (c - m)$ durch $(c - m)'$ [vgl. I, 11]. Endlich ändern noch die beiden Winkel, in denen das Parallellot l des imaginären Winkels als Summand auftritt, das Vorzeichen. Aus $-\Pi\ (c+l)$ wird $+\Pi\ (c+\bar{\lambda}')$. Dieser Zeichenwechsel erklärt sich leicht durch Vergleich der beiden Figuren 4 und 6. Die Parallele zu b durch μ fällt im ersten Falle außerhalb der Figur, im zweiten Fall innerhalb.

Zu den vier Gruppen von Gleichungen treten noch drei weitere, indem man der Reihe nach die Winkel $\lambda\ \mu\ \nu$ zu $\frac{\pi}{2}$ werden läßt. Es resultieren die Beziehungen für Dreieck, Spitzeck und rechtwinkliges Fünfeck. Man erhält jedoch auf diese Weise nicht alle Gleichungen der zuletzt genannten Figuren, es kommen noch einige hinzu, die durch Symmetrie entstehen.

Setzt man z. B. in II $\nu = \frac{\pi}{2}$, $n = o$, so erhält man für das dann entstehende Spitzeck nur 6 Gleichungen, während es in Wirklichkeit 8 sind. Man kann sie leicht hinschreiben, wenn man die Symmetrie des Spitzecks in Betracht zieht Sie ergeben sich ohne weiteres, wenn man die Fundamentalkonstruktion auf das Spitzeck auf jede mögliche Weise anwendet.

§ 3.

Ableitung der Beziehung zwischen Lot und Parallelwinkel mit Hilfe der Fundamentalkonstruktion.

Ist der Abstand zweier Grenzkreise gemessen auf einer ihrer Achsen gleich x, so besteht die leicht abzuleitende Gleichung:

$$\frac{s'}{s} = e^{x} \tag{1}$$

wobei s u. s' die beiden Grenzkreisbögen sind, die von denselben Achsen abgeschnitten werden. Diese Gleichung soll als bekannt vorausgesetzt werden.

Die Beziehung zwischen Lot und Parallelwinkel, d. h. die Grundgleichung der ganzen Trigonometrie ist von Herrn LIEBMANN ohne Zuhilfenahme räumlicher Vorstellungen abgeleitet worden.[1]) Es soll gezeigt werden, daß diese Ableitung auf der Anwendung der Fundamentalkonstruktion beruht.

Auf Dreieck $A\ C\ B$ sei die Konstruktion in bezug auf die Seite a nach beiden Seiten hin ausgeführt, außerdem seien um A Kreisbogen beschrieben, die die Parallelen zu Tangenten haben. Dann ist:

---

[1]) H. LIEBMANN, Nichteuklidische Geometrie, de Gruyter, Berlin.

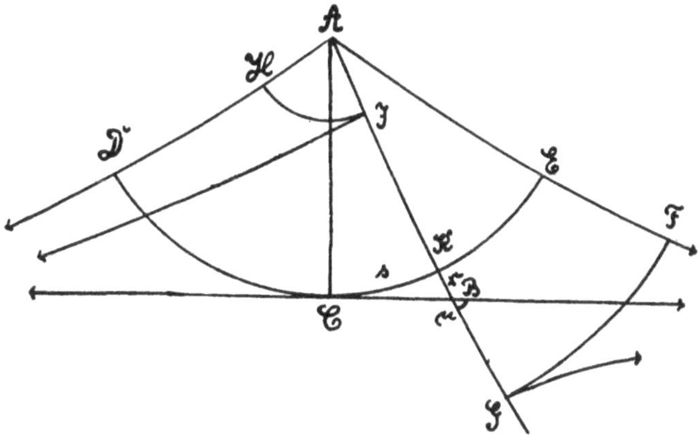

Fig. 12.

(2) $$\frac{EK}{GF} = \frac{CE - CK}{GF}$$

(3) $$\frac{HJ}{DK} = \frac{HJ}{DC + CK}$$

Läßt man nun A ins Unendliche rücken, so entsteht die Liebmannsche Figur, CE, FG, HJ und CE werden Grenzkreisbögen derselben Länge S, denn für jeden von ihnen ist die Achse in dem einen Endpunkt parallel der Tangente im andern, der Grenzkreisbogen CK sei gleich s. Dann gehen 2 und 3 unter Berücksichtigung von 1 über in:

(4) $$\frac{S - s}{S} = e^{-(x + m)} = e^{-x - m}$$

(5) $$\frac{S}{S + s} = e^{-(m - x)} = e^{x - m}$$

denn BG und BJ sind Parallellote desselben Winkels μ. Also:

$$2\,S = S\,e^{-x}\,(e^{m} + e^{-m})$$

(6) $$e^{x} = \text{ch}\, m \quad \text{und}$$

(7) $$s = S \cdot \text{th}\, m.$$

Da auch $BC = m$ geworden, so ist in der letzten Gleichung s ein Grenzkreisbogen und m die Tangente in dem einen Endpunkt bis zum Schnitt mit der Achse im andern.

Zieht man auch durch den andern Endpunkt von m den Grenzkreis s', so folgt aus den soeben abgeleiteten Gleichungen:

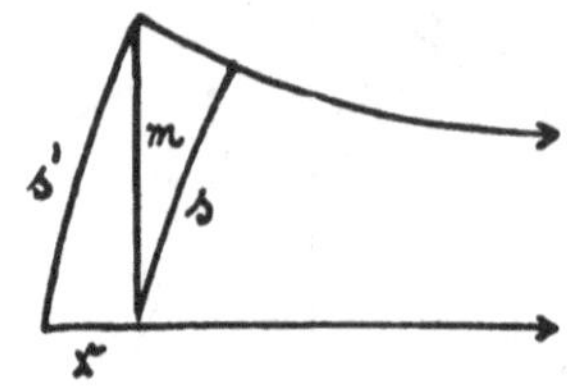

Fig. 13.

$$\frac{s'}{s} = e^{x} = \mathrm{ch}\, m \text{ und nach 7:}$$

$$s' = \mathrm{ch}\, m \cdot S \cdot \mathrm{th}\, m = S \cdot \mathrm{sh}\, m. \tag{8}$$

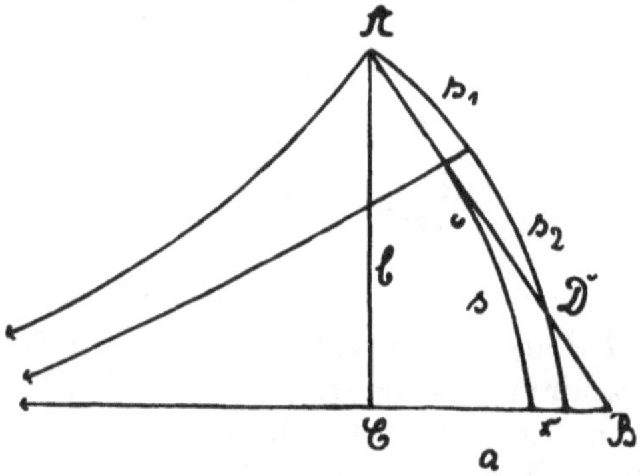

Fig. 14.

Diese Formeln sollen auf ein beliebiges rechtwinkliges Dreieck angewendet werden. Man ziehe in ACB die Parallelen zu a und außerdem die Grenzkreisbögen durch A und den Teilpunkt von c (Figur!). Dann ist:

$$\begin{aligned} s_1 + s_2 &= S \cdot \mathrm{sh}\, b \\ s &= S \cdot \mathrm{th}\, m \\ s_1 &= S \cdot \mathrm{sh}\,(c - m), \text{ also} \\ s_2 &= S\,[\mathrm{sh}\, b - \mathrm{sh}\,(c - m)] \\ \frac{s_2}{s} &= \frac{\mathrm{sh}\, b - \mathrm{sh}\,(c - m)}{\mathrm{th}\, m} = e^{x} = \mathrm{ch}\,(c - m) \end{aligned}$$

Damit ist eine Beziehung vorhanden zwischen der Hypotenuse, einer Kathete und dem Parallellot des Gegenwinkels, sie lautet umgeformt:

$$\frac{\mathrm{sh}\, b}{\mathrm{sh}\, c} = \frac{1}{\mathrm{ch}\, m}. \tag{9}$$

Auch diese Ableitung rührt von Herrn LIEBMANN her, es ist nur die Verknüpfung mit der Fundamentalkonstruktion hergestellt.

Damit ist gezeigt, daß der Quotient aus den Sinus einer Kathete und der Hypotenuse eine reine Funktion des gegenüberliegenden Winkels ist, denn μ hängt nur von m ab. Außerdem liegt der Quotient zwischen 0 und 1, also ist der Ansatz berechtigt:

$$\frac{\operatorname{sh} b}{\operatorname{sh} c} = \sin f\,(\mu)$$

Der Nachweis, daß f $(\mu) = \mu$ findet sich in der 7. Abhandlung der Heidelberger Berichte. Die dort angewendete Figur entspringt aus der letzten Zeichnung, wenn man die Seite BC nach oben bis zum Schnitt mit D verschiebt, dann verschiebt sich auch entsprechend die auf c senkrechte Parallele zu a. Es wird also auf ein spezielles rechtwinkliges Dreieck die Konstruktion angewendet. Die Seite AB wird bei einem solchen Dreieck von den Parallelen zu CB halbiert.[1])

[1]) Roeser, Übergang von der nichteuklidischen Streckentrigonometrie zur Winkelmessung, Heidelberger Berichte Jahrgang 1924 Nr. 7.

Im Verlag von Walter de Gruyter & Co. vormals G. J. Göschen'sche Verlagshandlung — J. Guttentag, Verlagsbuchhandlung — Georg Reimer — Karl J. Trübner — Veit & Comp., Berlin erschienen

Abteilung A. Mathematisch-physikalische Wissenschaften.

Jahrgang 1922.

1. PERRON, OSKAR. Neue Summationsmethoden und Entwicklungen nach Polynomen. Reichsmark 0·30
2. PERRON, OSKAR. Über transzendente Funktionen auf RIEMANNschen Flächen Reichsmark 0·60
3. BALDUS, RICHARD. Über die singulären Punkte reeller Parameterkurven. Reichsmark 0·50

Jahrgang 1923.

1. DEECKE, W. Mitteleuropäische Meeresströmungen der Vorzeit. Reichsmark 0·60
2. LIEBMANN, HEINRICH. Die LIE'sche Cyklide und die Inversionskrümmung. Reichsmark 0·40
3. PERRON, OSKAR. Über Gleichungen ohne Affekt. Reichsmark 0·40
4. LIEBMANN, HEINRICH. Beiträge zur Inversionsgeometrie III. Reichsmark 0·40
5. KRATZERT, J. Beitrag zur Kenntnis des Andesins von Bodenmais Reichsmark 0·50

Jahrgang 1924.

1. TH. CURTIUS und A. BERTHO. Einwirkung von Stickstoffkohlenoxyd und von Stickwasserstoffsäure unter Druck auf aromatische Kohlenwasserstoffe. Reichsmark 0·50
2. LIEBMANN, HEINRICH. Umkehrung des Variationsproblems der ebenen Affingeometrie. Reichsmark 0·60
3. SALOMON, WILHELM. Die Intensitäten alluvialer und diluvialer geologischer Vorgänge und ihre Einwirkung auf die pliocäne Rumpffläche des Kraichgaues und Odenwaldes. Reichsmark 1·20
4. HEFFTER, L. Zur absoluten Geometrie. Reichsmark 0·60
5. VAN WERVEKE, L. Über die Entstehung der lothringischen Lehme und des mittelrheinischen Lößes. Reichsmark 1·50
6. KRULL, WOLFGANG. Die verschiedenen Arten der Hauptidealringe. Reichsmark 0·50
7. ROESER, ERNST. Übergang von der nichteuklidischen Streckentrigonometrie zur Winkelmessung. Reichsmark 0·30
8. WELLSTEIN, JULIUS. Zur Differentialgeometrie der isotropen Kurven. Reichsmark 1·50
9. EWALD, RUDOLF. Die geodynamischen Erscheinungen des krystallinen Odenwaldes als Beispiel einer geoisostatischen Ausgleichsschwingung. Reichsmark 1·50
10. VOELCKER, ILSE. Über eine ganz junge Verwerfung bei Rauenberg im Kraichgau. Reichsmark 0·30
11. LIEBMANN, HEINRICH. Die Aufschließung von Differentialinvarianten. Reichsmark 0·50

Abteilung B. Biologische Wissenschaften.

Jahrgang 1923.

1. KOSSEL, A. und R. E. GROSS. Über die Darstellung und quantitative Bestimmung des Arginins. Reichsmark 0·30

Von Jahrgang 1925 ab findet die Trennung in Abteilung A und B nicht mehr statt.

Jahrgang 1925.

1. HEFFTER, LOTHAR. Zur absoluten Geometrie II. Reichsmark 0·50
2. ROESER, ERNST. Die komplementären Figuren der nichteuklidischen Ebene. Reichsmark 0·50
3. FLADT, KUNO. Neuer Beweis für die Zuordnung von rechtwinkligem Dreieck und Spitzeck in der hyperbolischen Elementargeometrie. Reichsmark 0·30
4. SALOMON, WILHELM. Beobachtungen über Harnische. Reichsmark 0·70
5. LOEWY, A. Beiträge zur Algebra. 1—4. Reichsmark 1·—
6. HELLPACH, WILLY. 2. Mitteilung zur Physiognomik der deutschen Volksstämme. Reichsmark 0·30
7. LOEWY, ALFRED. Neue elementare Begründung und Erweiterung der Galoisschen Theorie. Reichsmark 2·—
8. CURTIUS, THEODOR und BERTHO, ALFRED. Einwirkung von Stickstoffkohlenoxyd und von Stickstoffwasserstoffsäure unter Druck auf aromatische Kohlenwasserstoffe. Reichsmark 0·40
9. ROESER, ERNST. Die gnomonische Projektion in der hyperbolischen Geometrie. Reichsmark 0·70
10. RASCH, G. Uber die Ausnützung der Gezeiten des Meeres zur Energiegewinnung. Reichsmark 0·80
11. SALOMON, WILHELM. Magmatische Hebungen. Reichsmark 1·20
12. PÜTTER, A. Altersbestimmungen an Drachenbäumen von Tenerife. Reichsmark 0·90
13. VOLK, OTTO. Über geodätische rhombische Kurvennetze auf krummen Flächen, insbesondere auf Flächen konstanter Krümmung. Reichsmark 1·10
14. ROESER, ERNST. Die Fundamentalkonstruktion der hyperbolischen Geometrie. Reichsmark 1·40

Abhandlungen der Heidelberger Akademie der Wissenschaften

Mathematisch-naturwissenschaftliche Klasse

Abteilung A

12. MOHR, ERNST. Über den Zusammenhang zwischen der Struktur und den morphologischen Merkmalen des Diamanten. 1924. Reichsmark 3·50

Druck: Hermann Böhlaus Nachfolger Hof-Buchdruckerei G. m. b. H. Weimar.

FSC
www.fsc.org
MIX
Papier | Fördert gute Waldnutzung
FSC® C083411

Zeitfracht Medien GmbH
Ferdinand-Jühlke-Straße 7
99095 Erfurt, Deutschland
produktsicherheit@kolibri360.de